惡魔的餐桌

讓人吃一口就上癮的
超美味料理 116 道

◇リュウジ式 悪魔のレシピ◇ 竜士—著 連雪雅—譯

惡魔級的
美味料理竟然
如此輕鬆簡單
就完成！

這是本書的宗旨。

不需要事先處理蝦子就
能品嘗到甜辣好滋味!

「乾燒蝦仁燒賣」

1. 吃一口就「好吃到讓人受不了」的美味程度……

有如惡魔的存在。

只要把紫蘇葉用白高湯醃漬
立即完成最強的下飯小菜!

「淺漬紫蘇葉」

將所有食材
微波一下即完成
高級餐廳等級的美味餐點！

「半熟卡門貝爾起司培根蛋麵」

2. 每一道料理都秉持
「在最短的時間
做出最棒的味道」

能夠省略多少步驟？
不使用特別的調味料是否
做得出可口料理？

只要下鍋煎一煎，
高麗菜變成大餐！

「醬燒高麗菜」

這樣滿滿一大盤
吃了不會胖？！
獻給嗜肉族的麻婆豆腐！
「麻婆肉排」

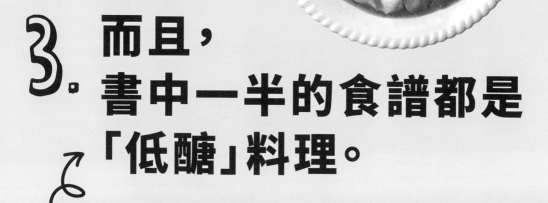

3. 而且，書中一半的食譜都是「低醣」料理。

所以說，116道料理中58道是「天使食譜」。本書並非都是易發胖的高熱量料理。

把蔬菜拿去炸
不但好吃且富有口感！
「酥炸綠花椰＆酥炸杏鮑菇」

前言

我認為世上的每個人，真的都很努力地生活著。認真工作、念書、做家事、照顧家人，光是這樣就足以獲得掌聲。而且趁著做那些事的空檔，自己去採買食材、下廚做飯並餵飽自己與家人，實在很了不起。

所以，做菜其實可以輕鬆一點。當然，味道還是要好吃。這也是我每天在推特（Twitter）持續分享食譜的理由。本書匯整了受到廣大網友好評的料理，是我的食譜「精華版」。

成為料理研究家後，我有了這樣的體悟：比起「喜歡做菜的人」，「不喜歡做菜卻為了某個理由下廚的人」更多。為了家人、為了自己的身體健康、為了省錢……儘管理由各不相同，我想好好聲援這些人。

如果能讓覺得做菜很難而放棄的人萌生「什麼嘛，這樣就可以啦！」的安心感，我會感到很開心，也希望平常有在做菜的人驚喜發現「原來還有這種方法啊！」，然後逐漸了解到下廚是多麼開心的事。

……這樣的介紹好像過於美化這本書。請容我修正一下，這是一本「惡之教典」。書中有116道顛覆理性與知性的美味料理，請各位盡情享受本書帶來的樂趣。

竜士

請趕快翻開
惡之教典

最棒的　　　　　食譜

目次

好吃到讓人受不了的傳說食譜

超開胃吃到停不下來的新口味配菜

能夠攝取到大量蔬菜的無限副菜

超快速完成的
酒鬼下酒菜

一盤讓你好滿足
蓋飯、炒飯、咖哩飯、炊飯

免開火超省事的
終極晚歸簡餐

魅惑新世界
五花八門的麵

萬能湯品與全能鍋物

在家就能做的
罪惡甜點

書中常用調味料

1	鰹魚露（3倍濃縮）	7	味精	13	乾燥香芹
2	白高湯	8	大蒜	14	辣油
3	味醂	9	芝麻油	15	起司粉
4	料理酒（清酒）	10	橄欖油	16	蔥花
5	中式調味料（膏狀）	11	有鹽奶油	17	熟白芝麻粒
6	雞湯粒	12	黑胡椒	18	海苔絲

- 本書使用的砂糖是上白糖、鹽是食鹽、醋是穀物醋、醬油是深色醬油、味噌是調和味噌。
- 本書使用的胡椒都是黑胡椒，但用白胡椒也能做得很美味。
- 中式調味料（膏狀）可用雞湯粉替代。
- 味精可用昆布茶替代。不過，昆布茶鹽分較高，請斟酌調整用量。

味精的使用方法

味精不是「鹽分」，是「鮮味的濃縮」，若搭配鹽分高的調味料使用，能夠讓料理變得美味。也就是說，醬油＋味精＝「高湯醬油」、鹽＋味精＝「高湯鹽」、味噌＋味精＝「高湯味噌」。利用這些組合取代雞湯粉或高湯粉，不必添加柴魚片或牛肉的香氣就能增加「鮮味」。簡簡單單只吃得到調味料與食材的味道，可說是「活用食材的調味料」。

避免失敗的小叮嚀！
本 書 的 使 用 方 法

大匙、小匙

1大匙是15ml、1小匙是5ml。

火力

基本上都是中火。不過，每個家庭的瓦斯爐火力有所差異，請參考食譜的火力及加熱時間，自行斟酌調整。

烹調程序

清洗蔬菜、去皮、去籽或蒂等步驟均省略。肉和魚類基本上都是切成方便入口的大小。

可上網觀賞做菜影片
QR Code

各位可瀏覽作者在YouTube頻道的影片。

軟管裝蒜泥／軟管裝薑泥的計量

蒜泥		薑泥	
1/2	1/2小匙	5g	1小匙
1	1小匙	10g	2小匙
2	2小匙	15g	1大匙

微波爐各瓦數（w）的加熱時間

本書是以600w加熱。

600W	500W	700W
1分	1分10秒	50秒
2分	2分20秒	1分40秒
3分	3分40秒	2分30秒
4分	4分50秒	3分20秒
5分	6分	4分20秒
6分	7分10秒	5分10秒
7分	8分20秒	6分
8分	9分40秒	6分50秒
9分	10分50秒	7分40秒
10分	12分	8分30秒

低醣食譜的圖示

58 道 ／ 116 道

出現天使取代惡魔的食譜就是低醣料理。前一天吃太多或攝取過量醣類的隔天，做天使食譜的料理來吃，讓飲食恢復均衡。

好吃到讓人受不了
的傳說食譜

本章收錄作者在推特上公開的食譜中
按「讚！」人數超過1萬人的料理。
實際動手做做看就能體驗到作者堅持的
「在最短時間完成極品佳餚」理念喔！

只用微波爐就完成頂級餐廳的美味料理

半熟卡門貝爾起司培根蛋麵

材料〈1人份〉

- 義大利麵……1把
- Ⓐ 雞湯粒……1小匙多一點
  鹽……少許
  橄欖油……2小匙
  水……270cc
  蒜末……1瓣的量
  培根（切細條）……40g
  卡門貝爾起司……50g
- 奶油……10g
- 蛋……1顆
- 黑胡椒……大量

1. 將義大利麵對半折斷放進耐熱容器，加入Ⓐ，微波加熱 11 分鐘。

2. 接著加奶油，充分拌勻。

3. 倒入攪散的蛋液拌一拌，盛盤並撒上黑胡椒。

point 先和奶油混拌會降低溫度，使蛋液變成半熟狀態。

用了這麼多的卡門貝爾起司怎麼可能不好吃？

省去處理蝦子的步驟，美味程度爆表

乾燒蝦仁燒賣

材料〈2人份〉

- 市售蝦仁燒賣……12個
- 沙拉油……1大匙
- 蒜末……1瓣的量
- 番茄醬……3大匙
- Ⓐ 酒……2小匙
  - ─味辣椒粉……1/2小匙
  - 中式調味料（膏狀）……1/2小匙
  - 水……100cc
- 太白粉……1小匙
- 蔥末……1/3根

◆◆◆◆◆◆◆◆◆◆◆◆◆◆◆◆◆◆◆

1. 將蝦仁燒賣依照包裝說明加熱。

2. 在平底鍋內倒油加熱，蒜末下鍋拌炒。炒到傳出香氣後，加番茄醬再拌炒。

3. 接著加入Ⓐ煮滾。倒太白粉水勾芡，1和蔥末下鍋拌一拌。

◆◆◆◆◆◆◆◆◆◆◆◆◆◆◆◆◆◆◆

point 以一味辣椒粉調整辣度。

蝦仁燒賣是惡魔的全能食材。

生蛋拌麵線、肉捲、涼拌豆腐……任何料理都對味

惡魔的萬能蔥花

材料〈 方便製作的分量 〉

- 青蔥……1把
- Ⓐ 芝麻油……1大匙
  味精……1/4小匙
  鹽……1/4小匙
  芝麻粉……1大匙

1. 將青蔥切成蔥花。

2. 和Ⓐ混拌即完成。

point 5月的產季最好吃。

直接當下酒菜
吃到欲罷不能。

讓人卯起來
狂嗑白飯

淺漬紫蘇葉

材料〈方便製作的分量〉

- 紫蘇葉……20片
- Ⓐ 白高湯……2又1/2大匙
  - 水……4大匙
- 辣油……依個人喜好酌量

1. 將紫蘇葉和Ⓐ放進容器，包上保鮮膜，醃漬30分鐘。

2. 用紫蘇葉包白飯享用。

point 醃漬汁用冷水稀釋，做成泡飯也好吃。

第2碗加點辣油
吃起來更過癮。

蘿蔔吸收的湯汁在口中溢～出

酥炸超商關東煮白蘿蔔

材料〔1人份〕

- 超商關東煮白蘿蔔……1個
- 太白粉……適量

作者在網上初次爆紅的
食譜省時版。

1. 將白蘿蔔切成一口大小，用廚房紙巾擦乾湯汁。

2. 撒上太白粉，以中大火快速油炸。

point 沾粉後不立刻下鍋炸，會變得黏糊糊。

狂吃洋蔥停不下來的超涮嘴料理

洋蔥鹹牛肉炸彈

材料〈 方 便 製 作 的 分 量 〉

- 洋蔥……1 個
- 鹹牛肉罐頭……1 罐
- 黑胡椒……依個人喜好酌量
- 酸橘醋……依個人喜好酌量

撕下一片片洋蔥
捲起來吃真爽快。

1. 在洋蔥上劃出十字，
填入鹹牛肉。

2. 包上保鮮膜，微波加熱 7 分鐘，
撒上黑胡椒即完成。

point 吃的時候請沾酸橘醋。

軟綿綿的茄子＋鰹魚露山葵醬

超強奶油茄子蓋飯

材料〈1人份〉

- 茄子……1根
- 白飯……1碗
- 奶油……10g
- Ⓐ 鰹魚露……1大匙
  柴魚片……依個人喜好酌量
  山葵醬……依個人喜好酌量

不配白飯的話，
就是超下酒的小菜。

1. 用牙籤在茄子上戳一個洞，整條
用保鮮膜包好，微波加熱2分鐘，
用手撕成長條狀。

2. 碗公裡盛飯，擺上1和奶油，最
後撒上Ⓐ。

point 微波加熱後的茄子非常燙，
撕的時候請小心。

好食！

嘻嘻嘻嘻⋯⋯

用肉取代麵皮的披薩

激惡美味肉披薩

材料〈2人份〉

- 豬裡脊肉⋯⋯2片
- 胡椒鹽⋯⋯少許
- 橄欖油⋯⋯1小匙
- 番茄醬汁⋯⋯4大匙

〈最後調味〉

- 香芹、黑胡椒、塔巴斯科辣椒醬
  ⋯⋯依個人喜好酌量

1. 在平底鍋內倒油加熱，以胡椒鹽調味過的豬肉下鍋，煎至兩面均勻上色。

2. 接著塗抹番茄醬汁、放起司絲，蓋上鍋蓋，小火加熱至起司絲融化即完成。

point 用拍扁的雞肉做也很好吃。

雖然外表是惡魔，
其實是低醣的墮落天使。

作者原創

奇蹟的薯餅餅乾起司薯泥

材料〈方便製作的分量〉

- jagarico薯條餅乾（起司口味）……1個
- Ⓐ可手撕起司棒（撕開）……1條
  鹽……少許
  熱水……150cc

搭配咖哩或牛肉燴飯
也很好吃。

1. 將薯條餅乾倒進耐熱容器，
   加入Ⓐ，蓋上蓋子靜置 4～5 分鐘。

2. 打開蓋子，持續攪拌至變得黏稠。
   （如果出現結塊，微波加熱 40 秒後再繼續攪拌）

point 若攪拌過程中冷掉，
微波加熱再攪拌是訣竅。

用牛奶做，味道更棒

豪華版薯餅餅乾起司薯泥

材料〈方便製作的分量〉

- jagarico薯條餅乾（起司口味）
  ……1個
- Ⓐ可手撕起司棒（撕開）……1條
  蒜泥……1/2瓣的量
  熱牛奶……170cc
- Ⓑ奶油……5g
  鹽……少許
  〈最後調味〉
- 香芹、黑胡椒……依個人喜好酌量

1. 將薯條餅乾倒進耐熱容器，加入Ⓐ，蓋
   上蓋子靜置 3 分鐘。

2. 打開蓋子，稍微攪拌至變得黏稠後，加
   入Ⓑ，微波加熱 40 秒。

3. 繼續攪拌至變得黏稠。

point 比普通版好吃，但要多點耐心攪拌。

請搭配溫蔬菜
當作下酒菜吃。

完成！

② ①

©Calbee

不用一滴水，味道無比鮮美！

無水白菜咖哩

材料〈 2 人份 〉

- A 薄切豬肉片……180g
  白菜（切成一口大小）……
  1/12個（250g）
  蒜泥……1瓣的量
  奶油……10g
  酒……5大匙
- B 砂糖……約1小匙
  伍斯特醬……1小匙
  咖哩塊……2小塊

1. 在小鍋內放入 A，煮至酒精揮發後，蓋上鍋蓋，以小火燉煮 20 分鐘。

2. 接著加 B，略煮一會兒。

point 如果覺得鹹，可以加些水（雖然這樣就不是無水了）。

也可做成
燉菜或牛肉燴飯。

好ㄥ濃稠

原來蛋可以這麼好吃

終極滑嫩奶油炒蛋

材料〈1人份〉

- 蛋……2顆
- 奶油……20g
- 鹽……2小撮

1. 先煮一鍋開水，
再將火力轉為極小火。

2. 接著取一只小鍋，鍋底浸泡開水，
放入奶油使其完全融化。

3. 把均勻攪散的蛋液倒進鍋中、加鹽，用鏟
子持續攪炒至變稠。

可以試著放在
雞肉炒飯上喔。

point 詳細解說請瀏覽作者YouTube頻道的影片。

輕鬆達成
宵夜革命

菲惡的鹽味油拌麵

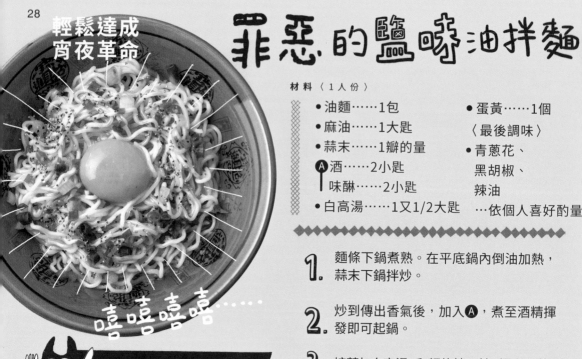

嘻嘻嘻嘻……

再加醋、美乃滋、柚子胡椒，
罪加一等的滋味啊。

材料〈1人份〉

- 油麵……1包
- 麻油……1大匙
- 蒜末……1瓣的量
- Ⓐ 酒……2小匙
  味醂……2小匙
- 白高湯……1又1/2大匙

- 蛋黃……1個
  〈最後調味〉
- 青蔥花、
  黑胡椒、
  辣油
  ……依個人喜好酌量

1. 麵條下鍋煮熟。在平底鍋內倒油加熱，蒜末下鍋拌炒。

2. 炒到傳出香氣後，加入Ⓐ，煮至酒精揮發即可起鍋。

3. 接著加白高湯，和麵條拌一拌，擺上蛋黃。

point 用烏龍麵做應該也好吃。

既然拌麵很好吃，拌飯應該也……

油拌飯

材料〈1人份〉

- Ⓐ 醋……1/2大匙
  味精……約0.1g
  醬油……1大匙
  燒肉醬……1大匙
  麻油……1大匙

- 白飯……200g
- 蛋黃……1個
  〈最後調味〉
- 青蔥花、醋、
  黑胡椒、美乃滋、辣油
  ……依個人喜好酌量

不在乎變胖的人
那就大口吃吧！

1. 將Ⓐ放進碗公內，和白飯拌一拌，最後擺上蛋黃。

point 吃了這一碗，隔天要吃低醣料理喔。

2

超開胃
吃到停不下來的
新口味配菜

嗜肉族的麻婆豆腐？雞胸肉也能做成多汁炸雞？
用微波爐做的漢堡排？
比薑燒豬肉更下飯的檸檬奶油醬？
顛覆以往的常識，
成為餐桌上的必備配菜。

為嗜肉族量身打造的麻婆豆腐

麻婆肉排

材 料〈2 人份〉

- Ⓐ 豬絞肉…120g
  - 麵包粉…2大匙
  - 胡椒鹽…少許
  - 中式調味料（膏狀）…1/4小匙
- 芝麻油…2小匙
- 蒜末…1瓣的量
- Ⓑ 味醂…1/2大匙
  - 醬油…1/2小匙
  - 味噌…1又1/2小匙
  - 中式調味料（膏狀）…2/3小匙
  - 一味辣椒粉…撒5次的量
  - 水…100cc
  - 豆腐…150g
- 太白粉…2/3小匙
- 〈最後調味〉辣油、青蔥花
  ……依個人喜好酌量

1. 將Ⓐ做成肉排。

2. 在平底鍋內倒油加熱，1下鍋煎。把肉排移到鍋邊，加入蒜末略為拌炒。

3. 再加Ⓑ，略為煮稠後，倒太白粉水勾芡。

point 以一味辣椒粉調整辣度。

把肉排弄碎就是麻婆肉末。

口感爽脆的
爆漿漢堡排

豆芽菜炸彈

材料〔 1 人份 〕

- Ⓐ 豬絞肉…170g
  豆芽菜…100g
  鹽…少許
  黑胡椒…少許
  中式調味料（膏狀）…1/2小匙
- 芝麻油…2小匙

這個就算吃多了
也沒關係。

1. 將Ⓐ放進調理碗，折斷豆芽菜並充分混拌，捏塑成肉排。

2. 在平底鍋內倒油加熱，1 下鍋以中火煎至兩面上色後，蓋上鍋蓋，以小火燜烤。

point 用竹籤插入肉排，流出透明肉汁即完成。

用番茄汁做出高級餐廳的味道

紅通通的微波燉煮漢堡排

材 料〈 1 人 份 〉

Ⓐ牛豬混合絞肉……120g

雞湯粒……1/2小匙

胡椒鹽……少許

麵包粉……2又1/2大匙

水……1大匙

〈醬汁〉

Ⓑ洋蔥……1/8個

蒜泥……少許

雞湯粒……1/2小匙

胡椒鹽……少許

橄欖油……2小匙

番茄汁……100cc

〈最後調味〉

●香芹……依個人喜好酌量

1. 將Ⓐ做成漢堡排。

2. 在耐熱容器內倒入Ⓑ拌勻。

3. 把 1 放在 2 上，包上保鮮膜，微波加熱 5 分鐘。

point 太簡單了，沒什麼重點。

請好好享用
肉感扎實的極品漢堡排。

青椒燒賣

獻給討厭青椒的人
消除青椒味的料理

材料〈 2 人份 〉

Ⓐ 豬絞肉……150g
　洋蔥（切末）……1/4個
　酒……1大匙
　胡椒鹽……少許
　中式調味料（膏狀）……1/3小匙
　太白粉……2小匙
● 青椒……4個
● 黃芥末、醬油……依個人喜好酌量

青椒吸收了
滿滿的肉汁。

1. 將Ⓐ充分搓拌後，填入青椒。

2. 排在耐熱盤上，包上保鮮膜，微波加熱 5 分鐘。

3. 沾黃芥末醬油享用。

point 用微波爐加熱的青椒，受熱均勻會變甜。

多汁

香酥

超快速的煎炸竟能完成「不會吧？」的驚人柔軟度！

薄皮炸雞胸

材料〈 2 人份 〉

- 雞胸肉…1塊
- Ⓐ 蒜泥…1瓣的量
  酒…1大匙
  味醂…1大匙
  味精…1/3小匙
  醬油…3大匙多一點
- 太白粉…適量

便宜、好吃、省時
這不是惡魔，而是神級料理。

1. 將雞胸肉切成約 8mm 厚的薄片，和Ⓐ混拌後，靜置醃漬數分鐘。

2. 接著撒上太白粉。

3. 在平底鍋內倒入約 1cm 高的油，以中大火充分加熱。雞肉下鍋，兩面各煎炸 1 分鐘。

point 半解凍的雞胸肉比較好切片。

保證超下飯的炸雞

伍斯特醬香醇炸雞

材料〈 2 人份 〉

- 雞胸肉…1塊（350g）
- Ⓐ 伍斯特醬…4大匙
- 美乃滋…2小匙
- 太白粉…適量

1塊炸雞
可以配1碗白飯。

1. 將雞胸肉切成 8 等分，和Ⓐ混拌後，
靜置醃漬 1 小時。

2. 撒上太白粉，下鍋以中火炸至呈現黃褐色。

point 雞肉退冰至常溫就不需要炸兩次了。

有
夠
快
！

即使沒有長時間燉煮依然美味

超快速番茄燉牛肉

材料〈3人份〉

- 蒜片……2瓣的量
- 橄欖油……2大匙
- 薄切牛肉片……300g
- 洋蔥（切薄片）……1/2個
- 胡椒鹽……少許
- Ⓐ 雞湯粒……2小匙
- 番茄罐頭……1罐

做成牛肉蓋飯
也很好吃。

1. 在平底鍋內倒油加熱，蒜片下鍋拌炒。

2. 炒到傳出香氣後，以胡椒鹽調味過的牛肉片和洋蔥下鍋一起炒。

3. 炒至牛肉變色後，加Ⓐ、不蓋鍋蓋，以中大火燉煮10分鐘。

point 看似費時費工的宴客料理。

天使般的低醣，惡魔般的令人上癮

天使奶油起司燉菜

材料（2人份）

- Ⓐ 薄切牛肉片……120g
  - 洋蔥（切薄片）……1/4個
  - 胡椒鹽……少許
- 奶油……10g
- 鴻喜菇……1包
- Ⓑ 豆漿……150cc
  - 奶油起司……50g
  - 雞湯粒……約2小匙
- 黑胡椒……少許

1. 在平底鍋內倒油加熱，Ⓐ下鍋拌炒。

2. 接著加鴻喜菇一起炒。

3. 再加Ⓑ煮滾，撒上黑胡椒。

point 用雞肉取代牛肉也很好吃。

奶油起司是
起司當中的低醣NO.1。

用油淋雞的醬汁
涼拌涮豬肉

油淋豬

材料〈2人份〉

- 薄切豬肉片（切成一口大小）
  ……200g
  〈醬汁〉
  Ⓐ 蔥末……1/3根的量
  薑末……5g
  砂糖……3小匙
  味精……約0.3g
  醋……1大匙
  醬油……2大匙
  芝麻油……1小匙
- 辣椒絲……依個人喜好酌量

1. 將豬肉片用熱水快速汆燙，泡冷水冷卻。

2. 盛盤後，淋上Ⓐ混拌而成的醬汁。

point 也可用五花肉、裡脊肉或碎肉。

搭配素麵
應該也很好吃。

任何肉類都對味的「奶油洋蔥醬」

夏里王寶炒牛肉

材料〈2人份〉

- 薄切牛肉片……220g
- 沙拉油……1/2大匙
- 胡椒鹽……少許
- 〈醬汁〉
- **Ⓐ** 洋蔥（切末）……1/2個
  蒜泥……1/2瓣的量
  奶油……10g
- **Ⓑ** 酒……1大匙
  味醂……1大匙
  味精……約0.3g
  醋……1大匙
  醬油……1又1/2大匙

1. 在平底鍋內倒油加熱，以胡椒鹽調味過的牛肉片下鍋拌炒、盛盤。

2. 將Ⓐ倒入 1 的鍋中拌炒。

3. 接著加Ⓑ，以大火快炒，淋在牛肉片上。

point 牛肉炒至微焦比較好吃。

光靠這醬汁
就能嗑好幾碗飯。

如果不把高麗菜捲起來的話

拆解版炒高麗菜捲

材料〈2 人份〉

Ⓐ 高麗菜（切粗絲）……1/4個（180g）
　豬絞肉……80g
　雞湯粒……1又1/2小匙
　胡椒鹽……少許
• 橄欖油……2小匙
• 番茄醬……依個人喜好酌量

1. 在平底鍋內倒油加熱，Ⓐ下鍋拌炒。

2. 盛盤後，淋上番茄醬享用。

point　請使用冰箱的剩菜。

擺在麵包上
應該也好吃。

發揮烤雞罐頭的潛力

惡魔的焗烤雞

©HOTEI FOODS

材料〈1 人份〉

Ⓐ 市售烤雞罐頭（醬燒口味）……1罐
　洋蔥（切末）……1/4個
　美乃滋……1又1/2大匙
　胡椒鹽……少許
• 披薩用起司絲……30g

1. 將Ⓐ放在鋁箔紙上混拌。

2. 接著擺起司絲，放進烤箱烤至表面焦黃。

point　作者通常是用上圖的烤雞罐頭。

吃起來的味道像是
照燒雞肉堡。

試著用炸雞做
糖醋裡脊真好吃

糖醋雞

材料〈2人份〉

Ⓐ 洋蔥（切成一口大小）……1/4個
　 胡蘿蔔（切成一口大小）……1/3根
● 沙拉油……1大匙
● 蒜末……1瓣的量
Ⓑ 市售炸雞……150g
　 青椒（切成一口大小）……1個
　 番茄醬……3大匙
Ⓒ 砂糖……1小匙
　 中式調味料（膏狀）……2/3小匙
　 醬油……1小匙
　 水……100cc
● 太白粉……1小匙

1. 將Ⓐ包上保鮮膜，微波加熱2分鐘。

2. 在平底鍋內倒油加熱，蒜末下鍋拌炒，再把1和Ⓑ一起下鍋炒。

3. 接著加Ⓒ，以太白粉水勾芡。

point 炸雞可用市售熟食或冷凍食品。

炸雞本來就是
很下飯的配菜。

香

比薑燒豬肉更下飯

檸汁豬排

材料〈2人份〉

- 豬裡脊肉……150g
- 胡椒鹽……少許
- 奶油……10g

〈醬汁〉

Ⓐ 蒜泥……1/2瓣的量

酒……1大匙

味醂……1大匙

砂糖……1/2小匙

味精……約0.3g

醬油……1大匙

檸檬（切片）……3片

1. 在平底鍋內放奶油加熱，以胡椒鹽調味過的豬肉下鍋，以中火煎熟、盛盤。

2. 接著把Ⓐ倒入 1 的鍋中，邊煮邊壓檸檬的果肉，煮至湯汁略為收乾。

3. 將 2 淋在 1 的豬肉上。

point 可用1小匙的檸檬汁取代檸檬片。

檸檬×奶油是
禁忌的組合。

蛋包餃

用蛋皮包餃子餡就成了低醣料理!

材料〈2人份〉

- **Ⓐ** 豬絞肉……70g
  - 韭菜（切末）……1/2把
  - 胡椒鹽……少許
  - 中式調味料（膏狀）……1/2小匙
- ● 沙拉油……適量
- 〈蛋液〉
- **Ⓑ** 蛋……3顆
  - 鹽……1小撮
  - 水……1又1/2大匙
- 〈餃子沾醬〉
- **Ⓒ** 醋、醬油、辣油
  - ……依個人喜好酌量

1. 在平底鍋內倒油加熱，**Ⓐ**下鍋拌炒。

2. 接著倒入**Ⓑ**，稍微混拌，蓋上鍋蓋，以小火燜烤至變硬。

3. 沾**Ⓒ**的沾醬享用。

point 雖然沒有包，還算是餃子。

比煎餃或韓式煎餅更低醣且有飽足感。

真～誘人

用蝦仁燒賣就能做出蝦排

蝦仁燒賣的一口蝦排

材料（2人份）

- 市售蝦仁燒賣……1盒
- A 麵粉……適量
  蛋……1顆
  麵包粉……適量
- 中濃醬……依個人喜好酌量

塔塔醬最對味。

1. 將蝦仁燒賣解凍，依序沾裹 A，下鍋以中火快速油炸。

2. 沾中濃醬享用。

point 適合當作便當菜。

3

能夠攝取到
大量蔬菜的
無限副菜

「想再多一道菜」、「想做成常備菜」
本章將介紹幫助你擺脫副菜壓力的超快速食譜。
做法很簡單，只要醃漬或燒烤、混拌。
總共使用了16種蔬菜，請善加利用冰箱裡的食材。

30秒就完成的常備菜

高湯漬酪梨

材料〈方便製作的分量〉

- 酪梨……1個
- Ⓐ 白高湯……3大匙
- 水……140cc

雖然看起來像《風之谷》的
王蟲，味道卻很棒。

1. 酪梨去皮，對半切開。

2. 用Ⓐ醃漬一晚即完成。

point 白高湯和水的量要稍微蓋過酪梨。

醬燒高麗菜

**光吃葉子也能
讓你白飯一口接一口**

材料〈1人份〉

- 高麗菜……1/8個（90g）
- 奶油……10g
- 〈醬汁〉
- Ⓐ 蒜泥……少許
  酒……2小匙
  味醂……2小匙
  砂糖……2小撮
  味精……約0.3g
  醬油……2小匙
- 〈最後調味〉
- 黑胡椒……依個人喜好酌量

1. 在平底鍋內放奶油加熱，高麗菜下鍋，以大火煎至兩面上色。

2. 轉成小火，煎到用竹籤可插入高麗菜芯的狀態後，起鍋盛盤。

3. 把Ⓐ倒入2的平底鍋煮稠，淋在高麗菜上。

point 使用當令的春季高麗菜超好吃。

吃起來是
蒜香奶油醬的味道。

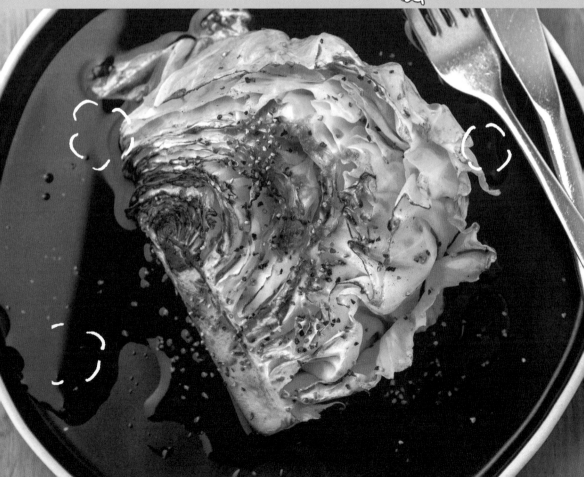

危險的常備菜

令人上癮的筍乾風味杏鮑菇

材料〈方便製作的分量〉

- 杏鮑菇……1包（130g）
  芝麻油……2小匙
- Ⓐ 味精……1/4小匙
  黑胡椒……少許
  鹽……1/4小匙
  醬油……1/2小匙
  〈最後調味〉
- 辣油……依個人喜好酌量

1. 杏鮑菇縱切成薄片。

2. 在平底鍋內倒油加熱，1 和Ⓐ下鍋，以中火拌炒至軟透。

配飯或配酒都很搭。

徹底消除小黃瓜的生味

辣炒黃瓜絲

材料〈方便製作的分量〉

- Ⓐ 小黃瓜（切細絲）……2條
  乾辣椒（切段）……1條
- 芝麻油……2小匙
- Ⓑ 酒……1小匙
  味醂……2小匙
  砂糖……1小匙
  醬油……2小匙
  白高湯……1小匙
  〈最後調味〉
- 白芝麻
  ……依個人喜好酌量

1. 在平底鍋內倒油加熱，Ⓐ下鍋以大火快炒。

2. 加入Ⓑ，煮至湯汁略為收乾。

沒想到小黃瓜……竟然可以……變成……一道菜?!

蒜辣芹

蒜香辣椒
口味的芹菜

材料〈方便製作的分量〉

- 芹菜（切片）……1根（100g）
- Ⓐ 乾辣椒（切段）……1條
  蒜片……1瓣的量
- 橄欖油……1大匙
- 鹽……少許

- Ⓑ 雞湯粒
  ……2/3小匙
  水
  ……1大匙

1. 在平底鍋內倒油加熱，Ⓐ下鍋拌炒。炒到傳出香氣後，加入芹菜、撒鹽，再炒一炒。

2. 最後加Ⓑ，一起拌炒。

橄欖油╳乾辣椒╳
大蒜的超強組合。

用鰹魚露的簡單照燒料理

照燒奶油筍

材料〈方便製作的分量〉

- 水煮竹筍……150g
- 奶油……10g

- Ⓐ 砂糖……1/2小匙
  鰹魚露……1又1/2大匙

1. 在平底鍋內放奶油加熱，竹筍下鍋炒至略呈焦黃。

2. 接著加Ⓐ，再炒一炒。

如果放些豬肉
就變成主菜了。

做的速度和
吃的速度都是秒殺

秒殺萵苣沙拉

材料〈方便製作的分量〉

- 萵苣……1顆（200g）
- Ⓐ 鹽……少許
- 醋……1大匙
- 鰹魚露……1大匙
- 芝麻油……1大匙
- Ⓑ 海苔絲……依個人喜好酌量
- 白芝麻……依個人喜好酌量

1. 用手撕碎萵苣葉，和Ⓐ充分混拌。

2. 將1盛盤，撒上Ⓑ。

醋×鰹魚露×
芝麻油的美味淋醬。

point 怎麼撕……？隨你喜歡囉。

除了煮味噌湯
還有這種吃法

奶油珍珠菇

材料〈方便製作的分量〉

- 蔥（斜切成段）……1/3根
- 奶油……10g
- 珍珠菇……1包（100g）
- Ⓐ 味精……約0.3g
- 醬油……2小匙
- 黑胡椒……少許

1. 在平底鍋內放奶油加熱，
蔥段下鍋拌炒。

2. 接著加珍珠菇和Ⓐ炒一炒。

與其說是副菜，
更適合當下酒菜。

point 以黑胡椒調整辣度。

讚啦！

辣勁十足，希望冰箱隨時都有它

惡魔的壺漬韭菜

材料〈方便製作的分量〉

- 韭菜（大略切段）……1包
- Ⓐ蒜泥……微量
  - 味精……1/3小匙
  - 鹽……2小撮
  - 醬油……1小匙
  - 味噌……2小匙
  - 一味辣椒粉……1/2小匙
  - 芝麻油……2小匙

1. 將韭菜切成 3〜4cm 長，和Ⓐ充分揉拌即完成。

2. 放進冰箱冷藏一晚，味道會更入味。

point 以一味辣椒粉調整辣度。

配拉麵或炒飯
都很好吃。

史上最棒的花椰菜吃法

酥炸綠花椰

材料〈2人份〉

- 綠花椰菜（切成一口大小）……1株（220g）
- Ⓐ 蒜泥……1/2瓣的量
  酒……2小匙
  味醂……2小匙
  味精……約0.3g
  醬油……2大匙
- 太白粉……適量

1. 將綠花椰菜和Ⓐ放入調理碗拌一拌。撒上太白粉，下鍋油炸。

一口咬下，綠花椰的美味在口中擴散。

閉上眼睛吃，根本就是干貝

酥炸杏鮑菇

材料〈2人份〉

- 杏鮑菇（切成一口大小）……1包
- Ⓐ 酒……1小匙
  味醂……1小匙
  味精……約0.2g
  醬油……1大匙
- 太白粉……適量

1. 將杏鮑菇和Ⓐ放入調理碗拌一拌。撒上太白粉，下鍋油炸。

口感與分量十足吃了超滿足。

不小心買到未熟酪梨的時候

日式炸豆腐風味酪梨

材料〈2人份〉

- 酪梨（切成一口大小）……1個
- 太白粉……適量
- Ⓐ 白高湯……20cc
- 熱水……80cc
- Ⓑ 蘿蔔泥……50g
- 青蔥花……少許

比起豆腐，這種做法
更適合酪梨。

1. 將酪梨裹上大量的太白粉，下鍋
油炸。

2. 盛盤後，淋上Ⓐ、擺上Ⓑ。

point 用牙籤能夠輕鬆插入就表示炸好了。

被攝影師誇獎「你很會做菜耶」的料理

番茄納豆炒蛋

材料〈2人份〉

- 蛋……1顆
- 沙拉油……1大匙
- Ⓐ 番茄（切成一口大小）……1個
  納豆……1盒
  中式調味料（膏狀）……約1小匙
- 沙拉油……1大匙

作者內心os：
我可是料理研究家。

1. 在平底鍋內倒油，以高溫加熱。倒入蛋液，快速炒至半熟後取出。

2. 再倒一次油，Ⓐ下鍋以大火快炒。

3. 將 1 的蛋再次下鍋，輕輕拌炒。

point 蛋不要炒太久。

就像同時吃起司漢堡和薯條的味道

惡魔的起司肉醬薯條

材料〈方便製作的分量〉

- 市售冷凍薯條……250g
- 胡椒鹽……少許

〈肉醬〉

- 牛豬混合絞肉……120g
- 胡椒鹽……少許
- 蒜末……1瓣的量
- 奶油……10g
- **A** 番茄汁……150cc
  雞湯粒……約1小匙
- 披薩用起司絲……40g

1. 薯條下鍋油炸。

2. 在平底鍋內放奶油加熱，蒜末下鍋拌炒。炒到傳出香氣後，把以胡椒鹽調味過的混合絞肉下鍋炒。

3. 接著加 **A**，煮到水分收乾，加起司絲使其融化，淋在 1 上。

如果再來杯可樂，充滿幸福及罪惡感。

好～香油派

鹹甜酸辣，配啤酒超讚

橄欖油南蠻漬茄子

材料〈 2 人份 〉

- 茄子……3條
- 橄欖油……2大匙
- Ⓐ 乾辣椒（切段）……1條
  砂糖……1小匙
  醋……1又1/3大匙
  鰹魚露……1又1/3大匙
  水……1又1/3大匙
  〈最後調味〉
- 白芝麻……依個人喜好酌量

橄欖油×南蠻醋
真的很好吃。

1. 將茄子對半縱切，表皮劃出交叉格紋。

2. 在平底鍋內倒油加熱，1 鋪排於鍋中，以中火煎。待茄子煎至軟透，加 Ⓐ 煮到水分剩下一半。

3. 起鍋盛盤，稍微放涼。

point 以乾辣椒調整辣度。

請你跟我這樣說:「葉菜就配白高湯奶油」

白高湯奶油茼蒿豬肉

材料（ 2 人份 ）

- 薄切豬肉片……100g
- 胡椒鹽……少許
- 奶油……10g
- 茼蒿……1包（160g）
- 白高湯……約1大匙

白高湯×奶油是
惡魔的化學反應。

1. 在平底鍋內放奶油加熱，以胡椒鹽調味過的
豬肉下鍋，以大火炒至微焦。

2. 接著加切成 3 ～ 4cm 長的茼蒿和白高湯一
起拌炒。

point 用水菜或小松菜應該也好吃。

西式風味的豬五花白菜鍋

無水蒸 香蒜辣椒白菜豬肉

材料〈2人份〉

- Ⓐ 乾辣椒……1條
  蒜片……1瓣的量
- 橄欖油……1大匙
- Ⓑ 薄切豬五花肉片……150g
  白菜（切成一口大小）……
  1/12個（250g）
  酒……80cc
  雞湯粒……1小匙多一點
  胡椒鹽……少許

1. 在平底鍋內倒油加熱，Ⓐ下鍋拌炒。

2. 炒到傳出香氣後，加Ⓑ、蓋上鍋蓋，以小火蒸20分鐘。

point 請依個人喜好沾鹽或酸橘醋享用。

光聞香氣就能喝好幾杯。

超快速完成的
酒鬼下酒菜

作者有時會在YouTube發布邊喝酒邊做菜的影片，
愛喝酒的本性藏也藏不住（其實沒打算隱藏）。
本章介紹的是「即使喝醉也能完成」的簡單料理，
每道都是相當下酒的好滋味。

用橄欖油燉煮內臟

蒜辣內臟

材料〈方便製作的分量〉

A 內臟……200g
喜歡的菇類……1/2包
大蒜（壓爛）……4瓣的量
乾辣椒（切段）……2條
中式調味料（膏狀）……2/3小匙
鹽……少許
黑胡椒……少許
● 橄欖油……適量

1. 將 A 放進小鍋，倒入橄欖油，量要蓋過內容物。

2. 煮到一半略為攪拌，轉小火燉煮 5 分鐘。

point 在意內臟氣味的人，請先水煮去腥。

為了搭配高球雞尾酒而存在的料理。

入口即化的起司與杏鮑菇的口感超讚

蒜辣起司杏鮑菇

材料〈方便製作的分量〉

A 可手撕起司棒（撕成一口大小）
……2條
杏鮑菇（切成一口大小）……1包
大蒜（壓爛）……3瓣的量
乾辣椒……1條
鹽……少許
● 橄欖油……10cc

1. 將 A 放進小鍋，倒入橄欖油，量要蓋過內容物。

2. 以小火燉煮 5 分鐘。

point 可手撕起司棒不撕開，而是切塊。

剩下橄欖油可用來拌義大利麵。

續杯開胃下酒菜

酪梨珍珠菇

- 酪梨……1/2個
- 珍珠菇醬……2大匙
- 海苔絲……少許

1. 將酪梨切成薄片。

2. 淋上珍珠菇醬，撒些海苔絲。

綿密×滑溜

西式的「發酵」×日式的「發酵」

奶油起司拌納豆

材料〈 1 人份 〉

奶油起司（切成1cm丁狀）……25g

納豆……1盒

Ⓐ 橄欖油……少許
黑胡椒……少許

1. 將納豆淋上附贈的醬汁、黃芥末拌勻，再和奶油起司拌一拌。

2. 接著淋上Ⓐ即完成。

黏呼呼×黏呼呼

庶民派鮪魚罐頭的華麗變身

生蛋起司拌鮪魚

材料〈方便製作的分量〉

- 油漬鮪魚罐頭……1罐
- 🅐 洋蔥（切末）……1大匙
  味精……約0.1g
  鰹魚露……1小匙
  起司粉……1又1/2小匙
- 蛋……1顆
- 黑胡椒……少許

©Hagoromo Foods

1. 將鮪魚罐頭瀝除油分，直接放上🅐。

2. 再擺上蛋黃，撒些黑胡椒。

3. 混拌後，搭配蘇打餅乾享用。

point 請攪破蛋黃，抹在餅乾上吃。

說到底
鮪魚罐頭就是好吃。

做起來比炸雞還簡單

酥炸章魚

材料〈1人份〉

- 水煮章魚……100g
- 🅐 薑泥……5g
  酒……2小匙
  味醂……2小匙
  醬油……2大匙
- 太白粉……適量

1. 將章魚切塊，和🅐混拌，靜置醃漬30分鐘。

2. 撒上太白粉，下鍋以中火快速油炸。

point 因為是水煮章魚，炸酥即可。

比起雞肉，
章魚更下酒。

這才是鹹牛肉罐頭
的正確吃法

免炸肉排

材料〈方便製作的分量〉

- 鹹牛肉罐頭……1罐
- 美乃滋……2小匙
- 黑胡椒……少許
- 麵包粉……1大匙
- 起司粉……1/2大匙
- Ⓐ 酸醬……依個人喜好酌量
  - 黃芥末……依個人喜好酌量
  - 番茄醬……依個人喜好酌量

一口一口吃
完全停不下來。

1. 將鹹牛肉和美乃滋混拌後，揉成
   圓餅狀，撒上黑胡椒。

2. 用平底鍋炒麵包粉，炒至變色
   後，加起司粉拌炒，撒在 1 上。

3. 依個人喜好淋上 Ⓐ 享用。

point 鹹牛肉罐頭退冰至常溫。

讓啤酒以驚人的速度消失

惡魔的起司辣炒肉捲年糕

材料〈 2 人份 〉

- 切塊白年糕……2塊
- 薄切豬五花肉片……100g
- 胡椒鹽……少許
- 芝麻油……1/2大匙
- Ⓐ 燒肉醬（中辣）……1大匙多一點
  - 砂糖……2小撮
  - 味噌……1/3小匙
- 披薩用起司絲……30g
- Ⓑ 青蔥花……依個人喜好酌量
  - 芝麻……依個人喜好酌量
  - 辣椒絲……依個人喜好酌量

1. 將年糕對半切開，用豬肉片捲起來，撒上胡椒鹽。

2. 在平底鍋內倒油加熱，1下鍋煎至表面微焦。蓋上鍋蓋，以中小火燜烤至年糕變軟。

3. 把Ⓐ拌一拌，倒進 2 裡，擺起司絲使其融化，最後撒上Ⓑ。

point 再次提醒各位，這道菜很燙，務必小心。

小朋友配飯吃，
大人配啤酒吃。

牽絲誘惑……

有夠快！！

蒜香辣椒豆腐

低醣下酒菜

材料〈2人份〉

- Ⓐ 培根（切細條）……40g
  蒜片……2瓣的量
  乾辣椒（切段）……1條
- 橄欖油……1又1/2大匙
- Ⓑ 豆腐（切成一口大小）
  ……300g
  雞湯粒……1小匙
  鹽……少許

1. 在平底鍋倒油加熱，Ⓐ下鍋拌炒。

2. 再加 Ⓑ 一起炒。

point 豆腐不需要瀝乾水分。

因為是豆腐，毫無罪惡感。

適合在一口喝光沁涼啤酒的夏天

黑胡椒榨菜蔥段拌豆腐

材料〈1人份〉

- Ⓐ 榨菜（切末）……30g
  蔥（斜切段）……1/3根
- • 芝麻油……1又1/2小匙
- Ⓑ 酒……1小匙
  味醂……1小匙
  砂糖……1小撮
  味精……約0.1g
  醬油……1小匙
  黑胡椒……略多
  嫩豆腐……150g

1. 在平底鍋內倒油加熱，Ⓐ下鍋快速拌炒。

2. 再加Ⓑ略炒，起鍋擺在豆腐上。

point 以黑胡椒調整辣度。

撒滿黑胡椒的下酒菜
讓人啤酒一口接一口。

68

葡萄酒起源國喬治亞的料理

惡魔的蒜香燉菜「大蒜牛奶燉烤雞」

材 料〈2人份〉

- 奶油……20g
- 大蒜（切粗末）……6瓣的量
- 雞腿肉（切成一口大小）……350g
- Ⓐ 牛奶……300cc
  - 奶油起司……70g
  - 雞湯粒……1小匙
  - 鹽……1/5小匙
  - 黑胡椒……少許
- 麵包……依個人喜好酌量

1. 在平底鍋內放奶油加熱，蒜末下鍋炒香。

2. 接著加撒了鹽的雞肉，煎至表皮香酥。

3. 再加Ⓐ煮至變稠。

point 吃了這道菜，隔天最好別約人見面。

別小看6瓣大蒜的
嗆鼻爆發力。

半生熟的滑嫩鮭魚排

微波鮭魚佐荷蘭醬

材料〈 1 人份 〉

- 生鮭魚……1塊
  〈荷蘭醬〉
  Ⓐ 砂糖……1小撮
  　鹽……少許
  　味精……約0.2g
  　醬油……1/2小匙
  　檸檬汁……1/2小匙
  　美乃滋……1又1/2大匙
  　橄欖油……1小匙
- 黑胡椒……少許

1. 用廚房紙巾擦乾生鮭魚的水分，撒上略多的胡椒鹽。

2. 包上保鮮膜，微波加熱 30 秒。取出翻面，再加熱 20 秒。

3. 淋上 Ⓐ 混拌而成的醬汁，最後撒上黑胡椒。

point　五分熟最可口，請斟酌調整加熱時間。

鮭魚彷彿在口中化開了。

飲兵衛汁(酒鬼湯)

舉例說明的話，就像是鹹香夠味的魚雜湯

材料〈 1 人份 〉

- 豆腐……150g
- Ⓐ 鹽辛醬（海鮮漬物醬）……1大匙
- 白高湯……1大匙
- 水……300cc
- 味噌……1大匙
- 青蔥花……少許

1. 將豆腐和Ⓐ放入小鍋煮滾。

2. 再加味噌攪溶，撒上青蔥花即完成。

point 配合鹽辛醬的量，味噌少放些。

只要一匙湯
就能喝一杯酒。

5

一盤讓你好滿足
蓋飯、炒飯、
咖哩飯、炊飯

不需要配菜的蓋飯、忍不住想一吃再吃的重口味炒飯、
不加一滴水的「無水」咖哩、燉菜、牛肉燴飯、
高級日本料理餐廳等級的美味炊飯，
全部都是一盤搞定，吃飽飽好幸福的料理。

如麻藥般令人著迷的香氣充滿廚房

香蔥肉燥飯

材料〈1人份〉

- 蔥（切末）⋯⋯1/3根
- 芝麻油⋯⋯1大匙
- 豬絞肉⋯⋯80g
- Ⓐ 酒⋯⋯2小匙
  - 味醂⋯⋯2小匙
  - 鹽⋯⋯少許
  - 白高湯⋯⋯1大匙
  〈最後調味〉
- 黑胡椒、辣油⋯⋯
  依個人喜好酌量

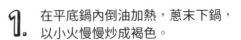

1. 在平底鍋內倒油加熱，蔥末下鍋，以小火慢慢炒成褐色。

2. 接著加絞肉，以大火略炒，再加Ⓐ炒乾水分。

3. 碗公內盛飯，擺上 2，撒些蔥花。

point 炒蔥末時，小心別炒太焦。

 再擺一顆蛋黃也很好吃。

欲罷不能菇菇蓋飯

「奶油醬油」
這種組合是
必勝的調味

材料〈1人份〉

- 培根（切細條）……40g
- 奶油……10g
- 鴻喜菇……1包
- Ⓐ 蒜泥……1/2瓣的量
  酒……1大匙
  味醂……1大匙
  味精……約0.3g
  砂糖……約1小匙
  醬油……1大匙多一點
- 蛋……1顆
  〈最後調味〉
- 黑胡椒……依個人喜好酌量

1. 在平底鍋內放奶油加熱，培根下鍋拌炒，再加鴻喜菇炒一炒。

2. 接著加Ⓐ，稍微煮乾湯汁。

3. 碗公內盛飯，放上 2，再擺上一個荷包蛋。

point 用舞菇或杏鮑菇做都好吃。

拌義大利麵也很棒。

鹽辛醬帶來
刺激與鮮味

鹽辛醬炒飯

材料〈1人份〉

- 鹽辛花枝醬……40g
- 沙拉油……1大匙
- 蛋……1個
- 白飯……1碗
- Ⓐ 洋蔥（切末）……1/8個
  味精……少許
  胡椒鹽……少許
  〈最後調味〉
- 辣油、七味辣椒粉……
  依個人喜好酌量

1. 在平底鍋內倒油加熱，鹽辛醬下鍋，以大火炒香。

2. 接著加蛋液，立刻倒入白飯。再加Ⓐ，稍微拌炒。

point 因為很簡單，就算喝醉了也能做。

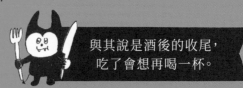

與其說是酒後的收尾，
吃了會想再喝一杯。

作者最滿意的炒飯

爽脆銀芽味噌炒飯

材料〈1人份〉

- 豬絞肉……70g
- 胡椒鹽……少許
- 芝麻油……1大匙
- 味噌……1大匙
- 蛋……1顆
- Ⓐ 白飯……1碗
  - 味精……約0.6g
  - 醬油……1小匙
- 豆芽菜……100g
  〈最後調味〉
- 青蔥花、辣油……依個人喜好酌量

1. 在平底鍋內倒油加熱，以胡椒鹽調味過的豬肉和味噌下鍋拌炒。

2. 接著加蛋、混拌過的 Ⓐ，最後再加用手折斷的豆芽菜，快速炒一炒。

point 豆芽菜連同包裝袋一起折，方便省事。

卡滋卡滋的新口感炒飯。

上電視遇到大牌主持人傳授了這道料理

堺正章的火腿蛋蓋飯

材料〈1人份〉

- 火腿……1片
- 蛋……1顆
- 白飯……1碗
- 柴魚片……依個人喜好酌量
- 海苔絲……依個人喜好酌量
- 純釀醬油……少許

3星級美味。

1. 火腿和蛋下鍋煎熟。

2. 碗公內添一半的飯，撒上大量的柴魚片，再添入一半的飯。

3. 擺上海苔絲和火腿蛋，最後淋上純釀醬油。

point 建議將荷包蛋煎焦一點。

以紫蘇葉取代羅勒, 以鮭魚取代豬肉

和風打拋飯

材料〈1人份〉

- 烤鮭魚（去骨）……1塊
- 洋蔥（大略切末）……1/8個
- 沙拉油……2小匙
- Ⓐ 酒……1大匙
  - 鹽……1小撮
  - 味精……約0.2g
  - 醬油……約1小匙
- 紫蘇葉……3片
- 白飯……1碗
- 蛋……1顆

1. 在平底鍋內倒油加熱，鮭魚和洋蔥下鍋炒散。

2. 接著加Ⓐ拌炒，再加撕碎的紫蘇葉，炒軟後盛盤。

3. 盤內盛飯、擺上 2，再放上荷包蛋。

point 若是用鮭魚鬆做，不需要加鹽。

喜歡紫蘇的人可以多加些紫蘇葉。

香濃！

超快速完成！正宗印度咖哩

無水優格咖哩

材料〈2人份〉

- Ⓐ雞腿肉（切成一口大小）……300g
  洋蔥（切薄片）……1/2個
- 奶油……8g
- Ⓑ蒜泥……1/2瓣的量
  雞湯粒……2小匙
  鹽……1/3小匙
  伍斯特醬……1小匙
  番茄醬……1小匙
  原味優格……400g
  咖哩粉……2大匙
- 奶油……8g

1. 在平底鍋內放奶油加熱，Ⓐ下鍋拌炒。

2. 炒至變色後，加Ⓑ、轉大火，煮到變稠。

3. 最後加奶油，略為混拌。

point 如果覺得酸，請加少許糖。

想買印度烤餅
一起配著吃。

無水 奶油 燉 白菜

無比下飯超乎想像

材料〈2人份〉

Ⓐ 雞腿肉（切成一口大小）
……200g
黑胡椒……少許
奶油……15g

Ⓑ 白菜（切成一口大小）
……1/12個（250g）
酒……6大匙
• 白醬調理塊……2小塊

1. 用小鍋拌炒 Ⓐ，雞肉炒熟後起鍋。

2. 接著將 Ⓑ 放入 1 的鍋中，蓋上鍋蓋，以小火燉煮 20 分鐘。

3. 雞肉再次下鍋，加調理塊，煮至融化。

point 如果水分不夠，請加點水！
（雖然這樣就不是無水了）。

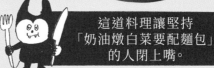

這道料理讓堅持
「奶油燉白菜要配麵包」
的人閉上嘴。

無水 牛肉 燴 白菜

彷彿燉了一整天的燉牛肉

材料〈2人份〉

Ⓐ 薄切牛肉片……200g
白菜（切成一口大小）
……1/12個（250g）
蒜泥……1瓣的量
酒……5大匙
番茄醬……2小匙
奶油……10g

• 牛肉燴飯調理塊
……2小塊

1. 將 Ⓐ 放進小鍋，蓋上鍋蓋，以小火燉煮 20 分鐘。

2. 加入調理塊，煮至融化。

就算停水也能
完成的料理。

電子鍋創造出來的絕品秋味

鮮菇蒜香奶油飯

材料（2人份）

- 米……1杯
- Ⓐ 熱狗腸（斜切）……3條
- 鴻喜菇……1包
- 洋蔥（切薄片）……1/4個
- 蒜末……1瓣的量
- 雞湯粒……1小匙多一點
- 鹽……2小撮
- 奶油……10g
- 〈最後調味〉
- 香芹……少許

1. 將洗好的米放進內鍋，倒入比水位線略低的水量。

2. 接著加 Ⓐ，按下煮飯鍵，煮好後充分拌勻。

point 因為鴻喜菇會出水，所以水少放一些。

一打開電子鍋
飄出秋天的氣息。

不需要廚藝、不必控制火力的炒飯

電子鍋鮭魚炒飯

材料〈 2 人份 〉

- 米……1杯
- Ⓐ 酒……1大匙
  味精……1/3小匙
  鹽……1/3小匙
- 水……適量
- Ⓑ 鹽烤鮭魚……1塊
  芝麻油……1大匙
- Ⓒ 蛋液……1顆的量
  蔥末……1/3根
  〈 最後調味 〉
- 黑胡椒、醃紅薑……
  依個人喜好酌量

冷掉後做成飯糰
也好吃。

1. 將洗好的米放進內鍋，
加入Ⓐ後，倒水至水位線。

2. 接著加Ⓑ，按下煮飯鍵，煮好後立刻取出
鮭魚骨並加Ⓒ。

3. 蓋上鍋蓋，燜蒸 5 分鐘、混拌。

point 飯煮好後要立刻加蛋液才會凝固。

「小熊維尼風味」
奶油醬油地瓜飯

材料〈2人份〉

- 地瓜（切成半月形片狀）……120g
- 米……1杯
- Ⓐ 白高湯……2小匙
- 酒……1小匙
- 水……適量
- Ⓑ 醬油……1小匙
- 奶油……10g

天使外表的
惡魔炊飯。

1. 將洗好的米放進內鍋，加入Ⓐ後，倒水至水位線。

2. 接著放地瓜，按下煮飯鍵。

3. 煮好後立刻加Ⓑ混拌。

point 地瓜的澱粉質讓煮好的飯變得像米糕。

加了酒炊煮，散發豐沛的香氣……

日本酒炊飯

材料〈2人份〉

- 米……1杯
- 醬油……1大匙
- 日本酒（純米酒）……適量
- Ⓐ 雞腿肉（切成一口大小）
  ……80g
  舞菇……1/2包
- 鹽……依個人喜好酌量

日本酒的原料是米，煮出來的飯當然好吃。

1. 將洗好的米放進內鍋，加入醬油。

2. 接著倒日本酒，倒的量稍微超過水位線。再加Ⓐ，按下煮飯鍵。

point 如果是2杯米，分量加倍。
3杯的話請自行斟酌。

比起生毛豆 更有毛豆香 毛豆脆條燉飯

©Calbee

材料〈1人份〉

- 蒜末……1瓣的量
- 洋蔥……1/4個
- 橄欖油……1大匙
- 毛豆脆條……1/2包
- **Ⓐ** 雞湯粒……約1小匙
  水……150cc
- **Ⓑ** 白飯……約1碗
  起司粉……1大匙多一點
- **Ⓒ** 起司粉……少許
  橄欖油……少許

1. 在平底鍋內倒油加熱,蒜末下鍋拌炒。炒到傳出香氣後,加洋蔥一起炒。

2. 接著加弄碎的毛豆脆條和 **Ⓐ** 煮滾。

3. 再加 **Ⓑ** 混拌並盛盤。撒上 **Ⓒ**,再撒些碎毛豆脆條。

point 毛豆脆條直接隔著袋子揉碎,方便省事。

如果是用玉米脆條,就成了玉米風味的燉飯。

6

免開火超省事的
終極晚歸簡餐

本章正是惡魔食譜的精髓。
不必開瓦斯爐，就連菜刀也不用，
做出來的料理超美味，真是太讚了。
晚歸簡餐是上班族的神隊友。

甜甜辣辣，
食指大動的
下飯好滋味

醃酪梨蓋飯

材料〈1人份〉

- 酪梨……1個
- Ⓐ 鰹魚露……2大匙
  - 辣油……少許
  - 黑胡椒……少許
- 白飯……1碗
- 蛋黃……1個
- 海苔絲……依個人喜好酌量

1. 酪梨切片，和Ⓐ混拌後，醃漬數分鐘。

2. 碗公內盛飯，擺上1，淋上醃漬汁。

3. 再擺上蛋黃，最後撒些海苔絲。

point 盡量挑選軟一點的酪梨。

切一切拌一拌，
欲罷不能的美味。

鮪魚的油分和豆腐的清爽形成絕妙搭配

懶人鮪魚豆腐山葵蓋飯

材料〈1人份〉

- 白飯……1碗
- 豆腐……150g
- 鮪魚罐頭……半罐
- 鰹魚露……1又1/2大匙

Ⓐ 山葵醬……
依個人喜好酌量
青蔥花……
依個人喜好酌量
海苔絲……
依個人喜好酌量

1. 碗公內盛飯，
   擺上豆腐和瀝除油分的鮪魚。

2. 淋上鰹魚露，再依個人喜好放上 Ⓐ。

point 充分攪散後再享用。

鮪魚×鰹魚露
配麵也對味。

美乃滋鮭魚的潛力驚為天人

黑胡椒美乃滋鮭魚飯

材料〈1人份〉

Ⓐ 鮭魚鬆……30g
美乃滋……1又1/2大匙
黑胡椒……依個人喜好酌量

- 青蔥花……依個人喜好酌量

1. 將 Ⓐ 混拌。

2. 碗公內盛飯、擺上 1，
   撒上青蔥花即可。

point 若是使用烤鮭魚，請加1/3小匙
的鰹魚露。

放在吐司上
當早餐吃也不錯。

彈牙的蛋白、
蛋黃和奶油
攪和在一起

奶油溏心蛋拌飯

材料〈1人份〉

- 白飯……1碗
- 市售溏心蛋……1個
- 奶油……10g
- Ⓐ 味精……少許
  黑胡椒……少許
  醬油……少許

1. 碗公內盛飯，放溏心蛋和奶油，淋上Ⓐ。

2. 用筷子攪碎溏心蛋，整體拌勻即可享用。

point 比起生蛋拌飯更有口感。

蛋拌飯大賽的冠軍
就是「溏心蛋」。

鮭魚和紫蘇葉、芝
麻的香氣完美融合

拌一拌即可的紫蘇葉飯

材料〈1人份〉

- Ⓐ 白飯……200g
  鮭魚鬆……20g
  紫蘇葉（切絲）……10片
  鹽……1小撮
  醬油……1/2小匙
  白高湯……1又1/2小匙
  芝麻油……1又1/2小匙
〈最後調味〉
- 白芝麻……依個人喜好酌量

1. 將Ⓐ放入調理碗，拌一拌即完成。

point 想怎麼拌就怎麼拌。

中午吃這個
做成的飯糰就夠了。

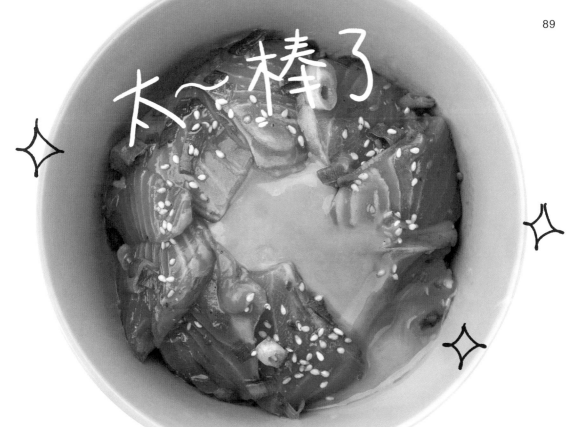

太～棒了

燒肉醬與生魚片超對味

黃金醬汁醃生魚蓋飯

材料〈1人份〉

- 生鮭魚……100g
- Ⓐ 燒肉醬……1又1/2大匙
  辣油……少許
- 白飯……1碗
- 蛋……1顆
- 青蔥花……少許
〈最後調味〉
- 白芝麻、辣油……
依個人喜好酌量

1. 將切片的生鮭魚放入調理碗,加Ⓐ醃漬數分鐘。

2. 碗公內盛飯,擺上 1 和蛋黃,撒些青蔥花,最後淋上醃漬汁。

point 比起醬油,小朋友可能更喜歡這種口味。

燒肉醬是全能調味料。

請試著想像「奶油醬油玉米」的香氣

禁忌的鮪魚玉米飯

材 料〈 1 人份〉

Ⓐ 白飯⋯⋯200g
玉米罐頭（瀝除湯汁）
⋯⋯1/2罐（70g）
鮪魚罐頭（瀝除油分）
⋯⋯1/2罐（40g）
雞湯粒⋯⋯1小匙
黑胡椒⋯⋯略多
● 奶油⋯⋯10g
Ⓑ 醬油⋯⋯1小匙
青蔥花⋯⋯少許

1. 將 Ⓐ 放入耐熱容器，包上保鮮膜，微波加熱 2 分鐘。

2. 盛盤，擺上奶油，最後淋上 Ⓑ。

point 請邊攪拌奶油邊享用。

太容易吃上癮，
絕對不能當宵夜，絕對喔。

能夠吃到美味便宜的蔬菜，簡直是現代人的救世主

滿滿蔬菜湯麵

材料〈1人份〉

A 鹽味拉麵泡麵……1包
©SANYO食品
超商冷凍蔬菜炒肉片……1包
©SEVEN-ELEVEN JAPAN
水……400cc

• 麻辣油……少許

與其說是料理，
更像是生活妙方。

1. 將 A 放進碗公內，輕輕覆蓋保鮮膜，微波加熱 6 分 40 秒。

2. 接著加附贈的湯粉，最後淋上麻辣油。

point 不需要使用菜刀，超省力的解餓料理。

「加一點點」的冠軍就是它

明太子美乃滋蟹肉麵

材料〈1人份〉

- 海鮮杯麵……1杯
- 明太子美乃滋蟹肉棒……1條

1. 將杯麵注入熱水至內側標線。

2. 放入剝散的明太子美乃滋蟹肉棒，靜待3分鐘。

©日清食品

洋溢無比海鮮味。

氣味消失，獨留醇味

賣相不佳的納豆咖哩麵

材料〈1人份〉

- 咖哩杯麵……1杯
- 納豆……1盒

1. 依照杯麵包裝的說明泡麵。

2. 擺上納豆即完成。

©日清食

雖然看起來很嚇人，味道真的很棒唷。

當作每週一次的自我獎勵應該沒關係吧

罪與罰的披薩麵

材料〈1人份〉

- 辣番茄杯麵……1杯
- 披薩洋芋片……適量

A 起司粉……少許
塔巴斯科辣椒醬……少許

©カルビー

1. 依照杯麵包裝的說明泡麵。

2. 加入弄碎的披薩洋芋片，最後撒上**A**。

©日清食品

集世上罪惡於一碗的滋味。

醬油和山葵醬是超搭組合

感動泛淚的杯麵

材料〈1人份〉

- 杯麵……1杯
- 山葵醬……1小匙

1. 依照杯麵包裝的說明泡麵。

2. 加入山葵醬即完成。

©日清食

好吃到忍不住泛淚（因為嗆到了）。

魅惑新世界
五花八門的麵

方便好做的義大利麵或烏龍麵真的很棒。

不過,做來做去「總是一樣的味道」。

於是,作者發揮創意想出了幾種新吃法。

蔥花鮪魚義大利麵?TKG(生蛋拌飯)進化版的TKS(生蛋拌麵)?

請大家試著做做看。

滑順的蔥花鮪魚取代醬汁

蔥花鮪魚、和風義大利麵

材料〈1人份〉

- 義大利麵……1把
- Ⓐ 醬油……1大匙
  - 鰹魚露……1大匙
  - 奶油……10g
  - 水……220cc
  - 橄欖油……2小匙
- 市售蔥花鮪魚……60g
- 蛋黃……1個
- Ⓑ 青蔥花……少許
  - 黑胡椒……少許

1. 將義大利麵對半折斷放進耐熱容器加入Ⓐ，微波加熱10分鐘。

2. 接著盛盤，擺上蔥花鮪魚、放蛋黃，撒上Ⓑ。

point 請充分混拌後享用。

美味程度相當於
生牛肉拌飯。

番茄辣醬義大利麵

只要放進
微波爐就能做出
專賣店級的美味

材料〈1人份〉

- 義大利麵……1把
- Ⓐ 洋蔥（切薄片）……1/8個
  培根（切細條）……50g
  乾辣椒（切段）……1條
  蒜末……1瓣的量
  番茄罐頭……1/4罐
  雞湯粒……1又1/2小匙
  鹽……少許
  橄欖油……2小匙
  奶油……10g
  水……180cc
- Ⓑ 鮮奶油……3大匙
  起司粉……1大匙
  塔巴斯科辣椒醬……6滴
- 蛋黃……1個

1. 將義大利麵對半折斷放進耐熱容器，加入Ⓐ，微波加熱8分鐘。

2. 充分拌勻後，加入Ⓑ，再微波加熱3分鐘。接著盛盤，擺上蛋黃。

point 煮義大利麵最麻煩的清洗工作省去一大半。

愛吃辣的人，
多加些辣椒醬。

開吃！

吸飽鰹魚露的麵條，多了酥脆口感

惡魔的麵衣屑義大利麵

材料 〈 1 人份 〉

- 義大利麵……100g
- Ⓐ 鰹魚露……2大匙
  水…250c
  橄欖油……1大匙
- Ⓑ 炸麵衣屑……20g
  青蔥花……少許
- 〈 最後調味 〉
- 辣油……依個人喜好酌量

1. 將義大利麵對半折斷放進耐熱容器，加入 Ⓐ、不包保鮮膜，微波加熱 10 分鐘。

2. 接著盛盤，撒上 Ⓑ。

point 加些美乃滋或七味辣椒粉也很好吃。

既然做成飯糰很受歡迎，
義大利麵當然也是。

完全就是
玉米奶醬

玉米脆條
奶醬義大利麵

©Calbee

材料〈 1 人份 〉

- 義大利麵……1把
- 奶油……10g
- 培根（切細條）……40g
- 玉米脆條……1/2包
- Ⓐ 牛奶……150cc
- 雞湯粒……1/2小匙
- 煮麵水……2大匙
- 鹽……少許

1. 義大利麵下鍋煮熟。在平底鍋內放奶油加熱，
培根下鍋拌炒。

2. 接著加入弄碎的玉米脆條和Ⓐ，
以小火煮至變稠。

3. 再加義大利麵和煮麵水，充分拌勻，以鹽調味。
最後再撒上弄碎的玉米脆條。

零食也能
這樣吃喔。

point 煮義大利麵的水，加的鹽量為1%。

即溶湯粉的速成義大利麵

濃郁蘑菇奶醬
義大利麵

©味の素

材料〈 1 人份 〉

- 義大利麵(煮麵時間五分鐘)
……1把
- 培根（切細條）……40g
- 奶油……10g
- Ⓐ 市售杯湯粉（濃郁蘑菇口味）
……1包
- 奶油……10g
- 煮麵水……4大匙
〈 最後調味 〉
- 香芹、黑胡椒、起司粉
……依個人喜好酌量

使用其他口味的湯粉
應該也會很好吃。

1. 義大利麵下鍋煮熟。在平底鍋內放奶油加熱，
培根下鍋拌炒。

2. 在調理碗內放入培根、義大利麵和Ⓐ充分拌勻。

point 煮義大利麵的水，加的鹽量為1%。

油麵和起司的完美結合

起司粉拌油麵

材料〈1人份〉

- 油麵……1人份
- 奶油……10g
- 蒜末……1瓣的量
- 白高湯……1又1/3大匙
- 起司粉……1大匙
- 蛋黃……1個

〈最後調味〉

- 黑胡椒、塔巴斯科辣椒醬
……依個人喜好酌量

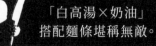

「白高湯×奶油」
搭配麵條堪稱無敵。

1. 油麵下鍋煮熟。在平底鍋內放奶油加熱,蒜末下鍋拌炒。

2. 炒到傳出香氣後,關火並倒入白高湯,移至容器內。

3. 和油麵拌一拌,放蛋黃、撒起司粉。

point 愛吃重口味的人,請多加些起司粉。

現煮現吃
鬆軟滑口的素麵

材料〈1人份〉

• 乾燥素麵……100g

Ⓐ 蛋……1顆

白高湯……1大匙

〈最後調味〉

• 青蔥花、辣油

……依個人喜好酌量

如果用烏龍麵做，
應該也很好吃。

生蛋 拌 素麵
TKS

1. 麵線煮到保留些許硬度。

2. 趁熱裝進碗公，加入Ⓐ，用筷子翻拌至呈
現蓬鬆感。

point 加了蛋之後，請用力翻拌。

軟

滑

焙茶蕎麥麵

沒想到使用市售瓶裝茶竟會如此美味

材料 〈 1 人份 〉

- 蕎麥麵……1人份
- Ⓐ 白高湯……2大匙
  焙茶……300cc
  鹽……少許
  〈最後調味〉
- 炸麵衣屑、青蔥花、七味辣椒粉
  ……依個人喜好酌量

1. 蕎麥麵下鍋煮熟。另取一小鍋，倒入Ⓐ煮滾。

2. 將蕎麥麵裝進碗公，淋上 1 的湯汁。

point 配料可用雞肉、豬肉或小松菜。

做成涼麵也很讚。

因為不會結塊，可以預做保存

鹽味炒麵風味蒟蒻絲

材料〈1人份〉

- 豬碎肉……80g
- 胡椒鹽……少許
- 芝麻油……1大匙
- Ⓐ 蒟蒻絲……200g
  中式調味料（膏狀）……1小匙
- Ⓑ 高麗菜（切成一口大小）……
  1/8個（90g）
  黑胡椒……少許
- 檸檬汁……1小匙
- 芝麻粉……依個人喜好酌量

1. 在平底鍋內倒油加熱，以胡椒鹽調味過的豬碎肉下鍋拌炒。

2. 接著加Ⓐ，炒至沒有水分。

3. 再加Ⓑ拌炒，最後加檸檬汁，撒上大量的芝麻粉。

point 蒟蒻絲用溫水充分清洗。

可當主食
也可當配菜。

涮嘴順口

就連低卡麵也不需要準備

炒麵風味炒豆芽

材料〈 1 人份 〉

- 豬碎肉……80g
- 胡椒鹽……少許
- 沙拉油……1大匙
- Ⓐ 伍斯特醬……2大匙
  鰹魚露……1大匙
- 豆芽菜……200g
- 黑胡椒……少許
- 蛋……1顆
  〈最後調味〉
- 海苔粉、醃紅薑
  ……依個人喜好酌量

1. 在平底鍋內倒油加熱，以胡椒鹽調味過的豬碎肉下鍋拌炒。

2. 接著加Ⓐ，稍微煮稠，再加豆芽菜，轉大火炒至軟透，撒上黑胡椒。

3. 盛盤後，旁邊放一顆荷包蛋。

point 喜歡清脆口感的人請快速拌炒。

濃郁重口味卻毫無罪惡感。

裹上酪梨的麵條有培根的鹹味

酪梨拌烏龍麵

材料〈1人份〉

- 培根（切細條）……40g
- 橄欖油……2小匙
- Ⓐ 酪梨（切丁）……1/2個
  鹽……少許
  白高湯……1大匙
- 冷凍烏龍麵……1塊
  〈最後調味〉
- 黑胡椒……依個人喜好酌量

◆◆◆◆◆◆◆◆◆◆◆◆◆◆◆◆◆◆◆◆◆◆◆◆◆

1. 在平底鍋內倒油加熱，培根下鍋拌炒。

2. 將 1 和 Ⓐ，以及依照包裝說明微波加熱過的烏龍麵放入調理碗拌一拌。

◆◆◆◆◆◆◆◆◆◆◆◆◆◆◆◆◆◆◆◆◆◆◆◆◆

point 培根要煎到表面焦脆。

放在吐司上
一定也好吃。

當番茄的酸
遇上辣油的辣
超級對味

番茄辣油烏龍麵

材料〈1人份〉

Ⓐ中式調味料（膏狀）……1小匙多一點
  水……180cc
• 番茄（中）……1個
Ⓑ豬邊肉……70g
  蒜泥……1瓣的量
• 冷凍烏龍麵……1塊
• 鹽……少許
〈最後調味〉
• 辣油、青蔥花……依個人喜好酌量

1. 將Ⓐ倒入小鍋內煮滾。

2. 番茄用手壓爛，放進鍋中煮滾，
接著加Ⓑ。

3. 煮到豬肉變色後，
加烏龍麵，以鹽調味。

point 番茄用手壓爛，所以不需準備菜刀。

滿滿一大碗，味道卻很清爽。

豐富的蔬菜滿足了胃

濃郁蔬菜濃湯烏龍麵

材料〈1人份〉

- Ⓐ 馬鈴薯（切成一口大小）……1個
  洋蔥（切薄片）……1/4個
- Ⓑ 培根（切細條）……40g
  冷凍烏龍麵……1塊
  豆漿……200cc
  雞湯粒……1又1/2小匙
  鹽……1小撮
  奶油……10g
  〈最後調味〉
- 香芹、黑胡椒……依個人喜好酌量

1. 將Ⓐ放進耐熱容器，包上保鮮膜，微波加熱5分鐘。馬鈴薯大略壓碎。

2. 把Ⓑ加入1裡，包上保鮮膜，微波加熱5分鐘。

point 用豆漿做比用牛奶做好吃。

馬鈴薯加烏龍麵
讓你吃飽飽。

熱呼呼……

用白高湯和奶油燉煮烏龍麵

令人陶醉的奶油燉烏龍麵

材料〈 1 人份 〉

- 培根（切細條）⋯⋯40g
- 奶油⋯⋯10g
- Ⓐ 水⋯⋯280cc
  白高湯⋯⋯2大匙
  冷凍烏龍麵⋯⋯1塊
- 蛋⋯⋯1顆
〈 最後調味 〉
- 黑胡椒⋯⋯依個人喜好酌量

1. 在小鍋內放奶油加熱，培根下鍋拌炒。

2. 接著加Ⓐ，煮到烏龍麵散開後，把蛋打入鍋中。

point 蛋包讓烏龍麵變得更好吃。

這是西式口味的鍋燒烏龍麵。

8

萬能湯品與
全能鍋物

先跟各位說聲抱歉，湯其實不算是惡魔，
應該是等同於神的存在。
做起來簡單又能攝取營養，吃再多也不會有罪惡感。
只要搭配碳水化合物，就是豐盛的一餐。
本章介紹了中、日、西式的各種湯品，請好好享用！

味噌湯激發出酪梨的潛力

培根酪梨味噌湯

材料〈2人份〉

- **Ⓐ** 培根（切細條）……60g
- 酪梨（切成一口大小）……1個
- 沙拉油……1大匙
- **Ⓑ** 白高湯……1大匙
- 水……250cc
- 味噌……1大匙
- 奶油……8g

〈最後調味〉

- 黑胡椒……依個人喜好酌量

1. 在平底鍋內倒油加熱，Ⓐ下鍋拌炒。

2. 接著加Ⓑ煮滾，再加味噌攪溶，最後擺上奶油。

point，請配白飯一起吃。

雖然低醣卻非常下飯。

香噴噴的薑燒豬肉結合鮮美湯汁

薑燒豬肉味噌湯

材料〈 2 人份 〉

- Ⓐ 豬碎肉……100g
- 洋蔥（切薄片）……1/2個
- 薑（切絲）……10g
- 味醂……1大匙
- 醬油……1小匙
- ● 芝麻油……2小匙
- Ⓑ 白高湯……1大匙
- 水……250cc
- ● 味噌……1大匙
- Ⓒ 青蔥花……依個人喜好酌量
- 一味辣椒粉……依個人喜好酌量

1. 在平底鍋內倒油加熱，Ⓐ下鍋拌炒，完成薑燒豬肉。

2. 接著加Ⓑ煮滾，再加味噌攪溶，盛入碗中，撒上Ⓒ。

point 不必花時間燉煮的豬肉味噌湯。

就連配菜也不需要
一碗湯搞定一餐。

濃~稠

把鮮甜的洋蔥和起司一起攪開後享用

岩漿起司 洋蔥湯

材料〈1人份〉

- 洋蔥……1個
- Ⓐ 蒜泥……微量
   雞湯粒……1又1/2小匙
   水……180cc
   起司片……2片
   〈最後調味〉
- 香芹、黑胡椒
   ……依個人喜好酌量

用微波爐就能做出這種視覺效果。

1. 洋蔥去皮,切除兩端,包上保鮮膜,微波加熱 6 分鐘。

2. 將 1 放入湯盤,加Ⓐ、不包保鮮膜,微波加熱 2 分鐘。

3. 把起司片放在 2 的洋蔥上,不包保鮮膜,微波加熱 30 秒。

point 加熱後的洋蔥超燙,請務必小心。

牛脂牛尾湯

輕鬆在家做出燒肉店的美食

材料〈2人份〉

- Ⓐ 薄切牛五花肉片……80g
  蔥（斜切成段）……1/2根
  大蒜（壓爛）……1瓣的量
  牛脂……1塊
  鹽……2小撮
  中式調味料（膏狀）……
  1小匙多一點
  水……350cc
- 〈最後調味〉
- 黑胡椒……依個人喜好酌量

1. 將Ⓐ放進小鍋，以大火燉煮至呈現白濁狀態。

point 煮的時候，請留意別讓湯溢出鍋外。

加白飯就變成湯飯，
加冬粉就是冬粉湯。

112

西班牙經典名菜「大蒜湯」

有效預防感冒的香蒜湯

材料〈1人份〉

- 蒜片……3瓣的量
- 橄欖油……1大匙
- 培根……30g
- Ⓐ 蔥（斜切成段）……1/3根
  - 麵包粉……2大匙
  - 雞湯粒……1小匙
  - 水……250cc
- 蛋……1顆

1. 在小鍋內倒油加熱，蒜片下鍋炒成黃褐色，再加培根一起拌炒。

2. 接著加Ⓐ煮滾，打入蛋，煮至半熟即完成。

point 可把變乾的麵包撕成小塊取代麵包粉。

喝了就充滿活力的營養湯品。

番茄的清涼感令人暑意全消！

番茄冷湯

材料〈2人份〉

- 番茄（切粗末）……1個（150g）
- Ⓐ 鹽……少許
  白高湯……1大匙多一點
  冷水……120cc
- Ⓑ 黑胡椒……少許
  橄欖油……少許

1. 將番茄放入調理碗，加 Ⓐ 混拌。

2. 盛入碗中，撒上 Ⓑ。

point 因為不開火，做的過程中不會覺得熱。

不過這道冷湯
也很下酒，傷腦筋欸……

雖然是鍋物
卻無水，
不過真的很好吃

無水雞肉鍋

材料〈1人份〉

- 白菜（切成一口大小）
……1/12個（250g）
- 雞翅……3～5根
Ⓐ 薑（切絲）……5g
　酒……4大匙
　白高湯……1大匙
〈最後調味〉
- 青蔥花、白芝麻
……依個人喜好酌量
〈收尾〉
- 洗過的飯……1碗
- 蛋……1顆

1. 將白菜放入鍋內，再擺上雞翅並加 Ⓐ，蓋上鍋蓋，以小火燉煮 20 分鐘。

2. 沾鹽或酸橘醋享用。

point 用湯飯當作收尾。

雞肉和酒的鮮味
全都被白菜吸收了。

無水燉菜

**白菜的清甜
與番茄的酸味
令人無法抵抗**

材料〈1人份〉

- 白菜（切成一口大小）……1/12個（250g）
- 培根（切成薄片）……5片（90g）
- Ⓐ 小番茄……5個
  - 酒……5大匙
  - 雞湯粒……約1小匙
- 〈最後調味〉
- 黑胡椒、香芹……依個人喜好酌量
- 〈收尾〉烏龍麵……1塊

外表也像
小惡魔般可愛誘人。

1. 將白菜放入鍋內，再擺上培根並加Ⓐ，蓋上鍋蓋，以小火燉煮20分鐘。

2. 依個人喜好沾芥末籽醬享用。

point 加綠花椰菜或馬鈴薯也很好吃。

無水番茄起司鍋

番茄汁是這鍋的湯底

材料〈1人份〉

- 白菜（切成一口大小）……1/12個（250g）
- 鴻喜菇……1/2包
- 薄切豬里肌肉片……150g
- Ⓐ 蒜片……1瓣的量
  - 雞湯粒……1又1/2小匙
  - 番茄汁……6大匙
  - 橄欖油……1大匙
- 披薩用起司絲……70g
- 〈最後調味〉
- 黑胡椒、香芹、塔巴斯科辣椒醬
  ……依個人喜好酌量
- 〈收尾〉
- 煮好的義大利麵……80g

不吃收尾的麵就是
低醣鍋（辦不到）。

1. 將白菜、鴻喜菇放入鍋內，再放上豬肉片並加Ⓐ，蓋上鍋蓋，以小火燉煮20分鐘。

2. 最後擺上起司絲。

point 燉煮義大利麵當作收尾，撒起司絲、淋上橄欖油。

想不到雞胸肉竟會如此軟嫩

醋湯涮雞胸

材料〈2人份〉

- 雞胸肉……1塊
- 水菜……1把
- 喜歡的菇類……1包
- Ⓐ 醋……3大匙
  - 白高湯……1大匙
  - 熱水……500cc

**不易發胖
營養滋補的鍋。**

1. 雞胸肉盡量切成薄片，水菜切成方便入口的大小，菇類剝散。

2. 將 Ⓐ 放入鍋內，把 1 的食材下鍋涮熟。

3. 沾鹽或酸橘醋享用。

point 切記！請勿生吃。

9

在家就能做的
罪惡甜點

雖然本書的書名是「惡魔的餐桌」，
其實一半都是低醣料理，
但本章完全不考慮這件事，
只有「好吃」的「甜」食。
而且，全部都不需要特別的技巧喔。

媲美店家等級的好味道

椰子酥餅 做的 奶油夾心餅

©日清Cisco

材料〈方便製作的分量〉

- 椰子奶酥……10片
- 無鹽奶油……50g
- 白巧克力……20g
- Ⓐ 砂糖……1小匙
- 葡萄乾……20g

1. 奶油退冰至常溫。
   白巧克力微波加熱 1 分鐘，使其融化。

2. 將 1 和 Ⓐ 充分拌勻，用椰子奶酥夾起來即完成。

point 內餡很快融化，做好後趕快吃。

餅乾的鹹味和巧克力的
甜味簡直絕配。

省時省事的聖誕節風味甜點

派之果實脆皮蘋果派

©樂天LOTTE

材料〈方便製作的分量〉

- 蘋果（切薄片）……1個
- 奶油……20g
- 砂糖……5小匙
- 派之果實……1/2包
- Ⓐ 香草冰淇淋……適量
  薄荷葉……少許

酥酥脆脆
甜～蜜蜜的幸福滋味。

◇◇◇◇◇◇◇◇◇◇◇◇◇◇◇◇◇◇◇◇

1. 在平底鍋放奶油加熱，蘋果下鍋拌炒。

2. 接著加砂糖一起炒，保留適度口感。

3. 將 2 鋪於盤內，撒上弄碎的派之果實，再擺上 Ⓐ。

◇◇◇◇◇◇◇◇◇◇◇◇◇◇◇◇◇◇◇◇

point 為了保留蘋果的口感，請斟酌炒的時間。

本世紀超強妙招

墮落天使的奶油香蕉熱三明治

材料〈1 人份〉

- 吐司（8片裝）……2片
- 香蕉（切片）……1條
- 奶油起司……40g
- 鹽……微量
- 奶油……10g
- 蜂蜜……依個人喜好酌量

1. 將 2 片吐司塗抹起司，擺上香蕉片，撒鹽後夾起來。

2. 在平底鍋內放奶油加熱，1 下鍋以中火煎烤兩面。

3. 盛盤，淋上滿滿的蜂蜜。

再撒上肉桂粉就是魔王級美味。

用微波爐就能做的奢侈抹醬

誘人的草莓奶油抹醬

材料〈方便製作的分量〉

- 草莓……100g
- 砂糖……45g
- 奶油……100g

1. 草莓撒上砂糖、壓爛。奶油退冰至常溫備用。

2. 將草莓微波加熱 2 分 30 秒，混拌後再加熱 2 分 30 秒。

3. 趁熱加入奶油並拌勻，放進冰箱冷卻。

開動！

塗在丹麥麵包上最好吃。

免烤免蒸，用密封袋就能做

滑溜順口的楓糖布丁〈第Ⅲ版〉

材料〈2人份〉

A 蛋黃……2個
　砂糖……30g
B 牛奶……100cc
　鮮奶油……100cc
　香草精（建議使用）……3滴
● 楓糖漿……依個人喜好酌量

為了避免做失敗，
改良了3次。

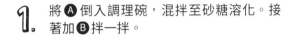

1. 將 A 倒入調理碗，混拌至砂糖溶化。接著加 B 拌一拌。

2. 邊用網篩過濾 1 邊倒進密封袋，壓出空氣封好。

3. 燒一鍋水，轉小火放入 2，加熱 15 ～ 20 分鐘。放進冰箱冷藏凝固。

point 淋糖漿的時候輕輕淋，以免往下沉。

香甜的奶油年糕，撒上黑胡椒大加分

超讚黑胡椒奶油蜂蜜年糕

材料〈1人份〉

- 切塊白年糕……2個
- 奶油……8g
- 蜂蜜……依個人喜好酌量
- Ⓐ 鹽……微量
  黑胡椒……少許

過年沒吃完的年糕
全部這樣吃。

1. 將沾濕的年糕放入耐熱容器，不包保鮮膜，微波加熱 50 秒～1 分 10 秒。

2. 把奶油擺在 1 上，淋上大量的蜂蜜，撒上 Ⓐ。

point 用肉桂粉取代黑胡椒也很好吃。

索引

適合當作早餐

適合當作便當

【配菜】

【白飯】

適合當作常備菜

不發胖的配菜

微波即可＆不開火的料理

適合當作下酒菜

後記

持續做菜的訣竅──與他人分享

做菜是我的興趣。應該說，我只對做菜這件事有興趣。所以，基本上我只會聊和做菜有關的事。偏偏我身邊沒有會做菜的人……然後，我發現了社群網站。看到網友試做我的食譜，真的很高興，能夠和大家聊做菜的事超開心，這些成為我的動力。

我想大家都是這樣吧。如果「自己做了飯菜，吃掉就沒了」，應該很難持之以恆做下去。因為，除了「很好吃」或「馬馬虎虎」之類的個人感想，得不到其他人的回應。

既然如此，那就把完成的料理上傳到社群網站，獲得其他人的回應。看不到具體的成果就無法激發幹勁，所以各位也可以發文給我喔！雖然無法一一回覆，不過我會盡可能按「讚」，請和我成為廚友吧！

期待看到各位的發文！
我一定會看，並且盡可能給予回應。
看到各位做的料理，對我來說表示
這本書達成了它的使命！

#惡魔的餐桌

國家圖書館出版品預行編目資料

惡魔的餐桌：讓人吃一口就上癮的超美味料理
116道/竜士著；連雪雅譯. -- 初版. -- 臺北市：
皇冠文化出版有限公司, 2021.03
　面；　　公分. --（皇冠叢書；第4919種)(玩味；
19)
譯自：リュウジ式 惡魔のレシピ
ISBN 978-957-33-3672-3(平裝)

1.食譜

427.1　　　　　　　　　　　　　　110001469

皇冠叢書第4919種
玩味 19

惡魔的餐桌
讓人吃一口就上癮的
超美味料理116道

リュウジ式 惡魔のレシピ

RYUJISHIKI AKUMA NO RECIPE by Ryuji
Copyright © Ryuji, 2019
All rights reserved.
Original Japanese edition published by Writes
Publishing, Inc.
Traditional Chinese translation copyright © 2021
by CROWN PUBLISHING COMPANY, LTD.
This Traditional Chinese edition published by
arrangement with Writes Publishing, Inc., Hyogo,
through HonnoKizuna, Inc., Tokyo, and Keio
Cultural Enterprise Co., Ltd.

作　　者—竜士
譯　　者—連雪雅
發 行 人—平雲
出版發行—皇冠文化出版有限公司
　　　　　臺北市敦化北路120巷50號
　　　　　電話◎02-2716-8888
　　　　　郵撥帳號◎15261516號
　　　　　皇冠出版社(香港)有限公司
　　　　　香港銅鑼灣道180號百樂商業中心
　　　　　19字樓1903室
　　　　　電話◎2529-1778　傳真◎2527-0904
總 編 輯—許婷婷
責任編輯—陳怡蓁
美術設計—嚴昱琳
著作完成日期—2019年11月
初版一刷日期—2021年3月

●皇冠讀樂網：www.crown.com.tw
●皇冠Facebook：www.facebook.com/crownbook
●皇冠 Instagram：www.instagram.com/crownbook1954/
●小王子的編輯夢：crownbook.pixnet.net/blog